太阳系流浪记

TAIYANGXI
LIULANG JI

王 煜◎著

地质出版社

· 北 京 ·

自序

幼年的时候，我住在田园牧歌般的村子里。每到夏日薄暮初上，邻居们带着手电筒和小凳子，聚在场头路口的大树下乘凉。此时田间劳作告一段落，秧苗在田里蓬勃生长，散发着清新气息。我躺在凉床上，看着满天的繁星。偶尔一颗流星划过天空，引起我无限遐想。

我总会指着天空中的星星问这问那，长辈们叫不出这些星星的大名，但是会讲出各种有趣的故事。于是我知道了后羿如何射下九个太阳；嫦娥又是怎样飞到月亮上的；我还知道牛郎和织女被迫分离后，牛郎在银河边上等着与织女相会；后来又听说了神农派小狗去天宫盗谷种，小狗在回来的路上游过银河的时候弄丢了身上的谷种，只留下尾巴尖上的一点，成了现在的稻穗。

这些故事构成了我对天空的丰富想象，也在心底埋下了我要探索星空奥秘的种子。如今生活在城市的孩子很难看到满天的繁星，也缺少了对天空的大胆想象，然而探索星空奥秘、成为仰望星空的人是我一直不

变的理想。

我要让每个孩子都能看到真正的星空，探索星空中的奥秘。十余年来，我写了很多篇科普文章，也在筹划建设给孩子们看星星的天文台。物质建设的脚步没有停歇，精神食粮的补给也在源源不断地输出。

这套《太阳系简史》就是离星空最近的“精神阶梯”，它以简练的语言、有趣的表达和精美的绘画，介绍了太阳系这个庞大的天体系统。想知道陨石来自哪里吗？宇宙到底有多大？超新星爆发又会产生多大的威力？我们在认识宇宙万物的同时也在开发探索它们给予我们的宝贵资源，要想离星空更近，就要有更准确的信息，带着好奇心去探索星空带给我们的奥秘吧！

仰望星空的同时也是在播撒科学的种子，更是在传递科学的精神。

王爍

2021.6

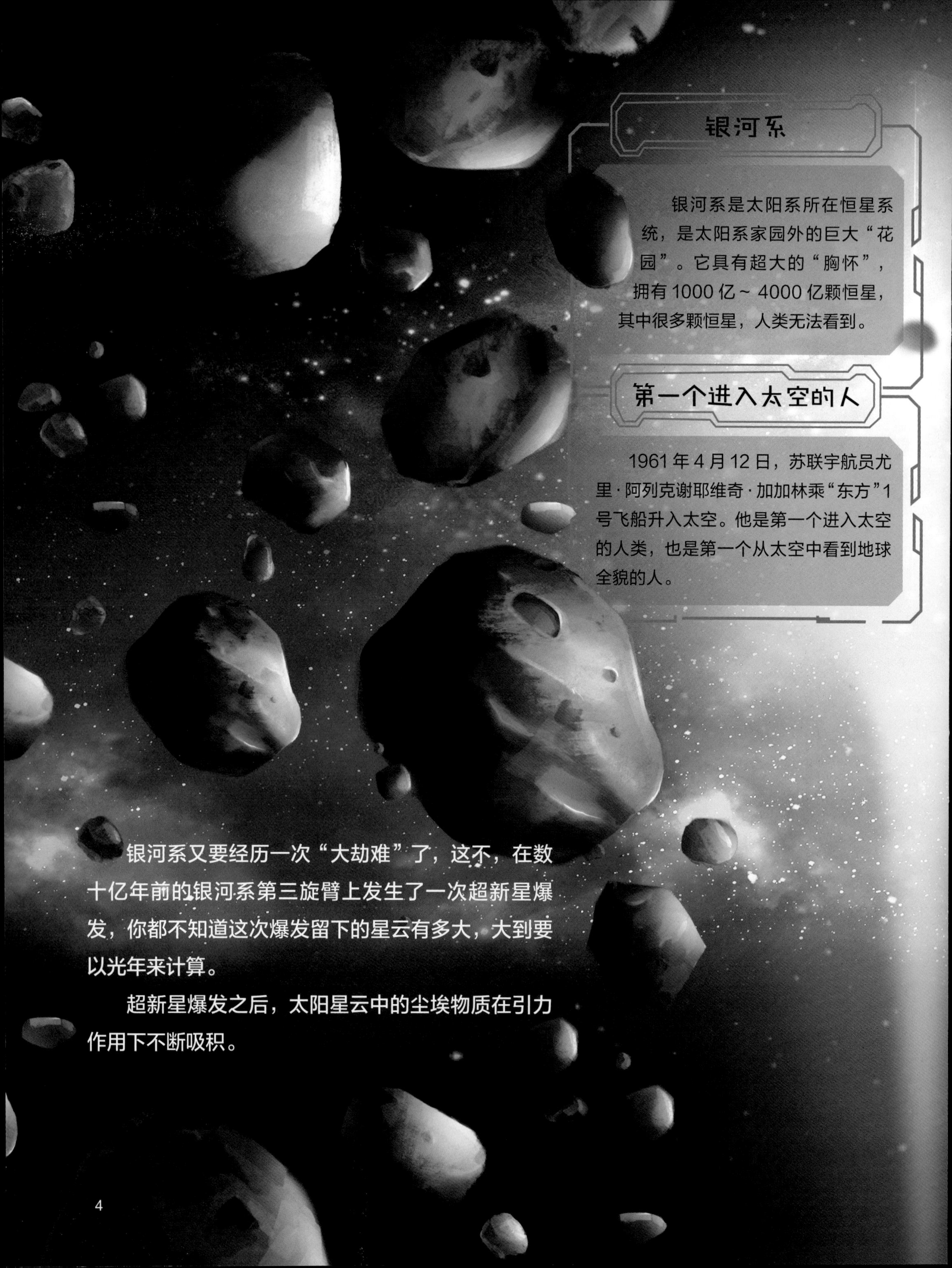

银河系

银河系是太阳系所在恒星系统，是太阳系家园外的巨大“花园”。它具有超大的“胸怀”，拥有 1000 亿 ~ 4000 亿颗恒星，其中很多颗恒星，人类无法看到。

第一个进入太空的人

1961 年 4 月 12 日，苏联宇航员尤里·阿列克谢耶维奇·加加林乘“东方”1 号飞船升入太空。他是第一个进入太空的人类，也是第一个从太空中看到地球全貌的人。

银河系又要经历一次“大劫难”了，这不，在数十亿年前的银河系第三旋臂上发生了一次超新星爆发，你都不知道这次爆发留下的星云有多大，大到要以光年来计算。

超新星爆发之后，太阳星云中的尘埃物质在引力作用下不断吸积。

在吸积过程中，引力势能逐渐转化为热能，使得中心的温度越来越高。看到那片光亮的地方了吗？我猜，不久的将来这里又是一片“血雨腥风”。

太阳的组成元素

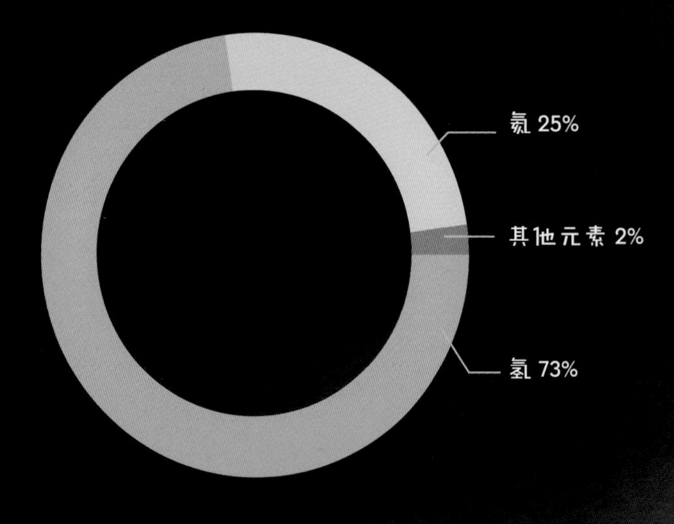

对于宇宙来说，数十亿年确实不算多长时间。此时那些星云的持续坍缩终于使得中心的温度高到足够发生核聚变。

我们的太阳被点燃了！

太阳系的大小

太阳、八大行星、矮行星以及已知的 218 颗卫星将太阳系的质量瓜分，其中太阳占有较大的比例。

这简直是一场巨变，猛烈的太阳风吹过这片星际空间，让那些没有被卷入太阳的星尘相互碰撞着，逐渐地聚集在一起。

这些聚集在一起的原始物质发生着各种奇妙的物理和化学变化，虽然我们没有办法见证它们发生的变化，但这些石头可是清清楚楚地把证据都保存在它们的身体里了。

极 光

在太阳风的猛烈撞击下，地球磁场薄弱的两极地区会形成美丽的极光。

太阳风

真实的太阳系更像是以太阳为中心的发光气球，里面充斥着太阳射出的高能辐射和带电粒子，在太阳的大气层内，因为极高的温度，氢、氦等原子被电离，并以每秒几百千米的速度喷射而出，不断射向太阳之外，这就是太阳风。

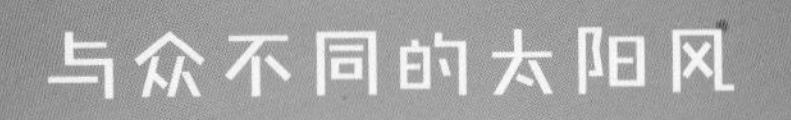

与众不同的太阳风

这可不是地球上的微风，是致命的等离子风暴，如果没有磁场的保护，地球上的海洋会被吹干。

气态巨行星 / 冰巨行星

太阳系的木星和土星是气态巨行星，主要由氢和氦组成。而天王星和海王星主要由较重的挥发性物质（类似冰）组成，被称为“冰巨行星”。

固态行星

固态行星又称岩石行星，这是一类以岩石为主的行星。它们中央大多为金属核心，表面大多为硅酸盐等类型的岩石矿物。

在混乱了一段时间后，太阳系内逐步形成了秩序。

不过这种秩序可不是随便排列的，只有那些离太阳近的物质才能聚集成有铁核和岩石外表的固态行星。那些离太阳远的地方的气体被保留下来，只能形成巨大的气态巨行星或冰巨行星。

剩下的物质可没那么幸运能聚集成行星，它们只能形成各种小行星和卫星。

太阳系是以太阳为核心的天体系统，它在银河系内围绕着银心运动，旋转一圈大约需要2.5亿年。在它的外层，是由太阳系形成之初残留物质组成的奥尔特云。

这个稀薄的球状云团内，八大行星和小行星主要分布在一个叫作黄道面的圆盘上，围绕着太阳运动。从内到外，依次是水星、金星、地球、火星、小行星带、木星、土星、天王星、海王星，再往外是由大量小天体组成的柯伊伯带。

水星	金星	地球	火星	木星	土星	天王星	海王星
58.646 天	243 天	1 天	1.026 天	0.414 天	0.444 天	0.718 天	0.67125 天
87.97 天	224.7 天	365.24 天	686.93 天	4330.468 天	10738.056 天	30687.4648 天	60187.8996 天
0.034 度	177.3 度	23.44 度	25.19 度	3.12 度	26.73 度	97.86 度	28.32 度

● 自转周期　● 公转周期　● 自转轴倾角

注：图片并非真实比例。
自转轴倾角是自转轴与穿过行星中心并垂直于轨道平面的直线间的夹角。地球的自转轴倾角为 23.44 度。

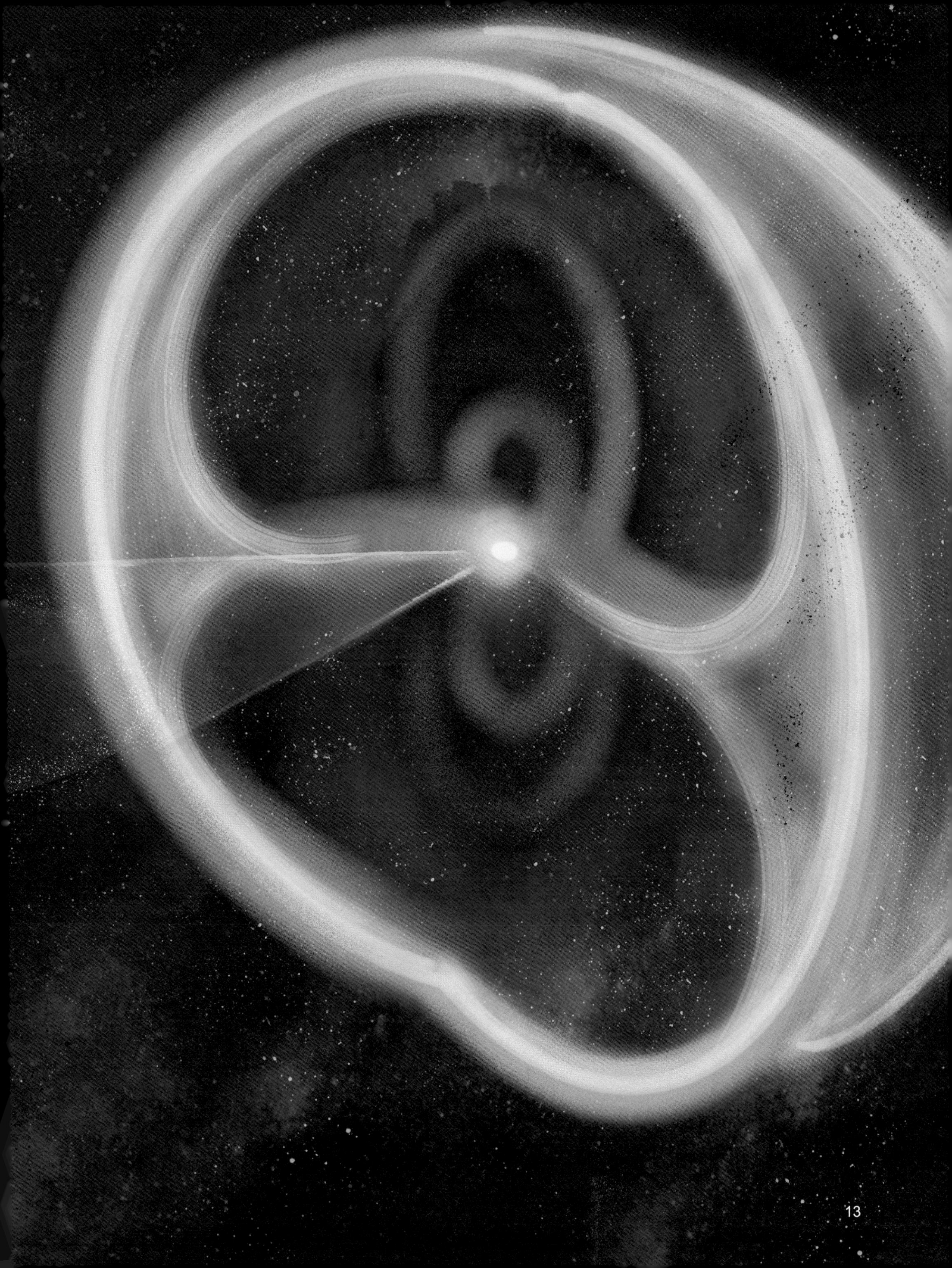

46亿年前的某一天，在偶然的一次碰撞中，一群岩石改变了轨道。在太阳的吸引下，开始了漫长的星际旅行。

其中的一颗，叫小石头，它是队伍里的小不点。

天文单位

天文单位（英文：Astronomical Unit，简写 AU，1 AU=1.5 亿千米）是一个长度的单位，约等于地球到太阳的平均距离。

柯伊伯带是天体密集的中空圆盘状区域，位于海王星轨道外的黄道面。
柯伊伯带是短周期彗星，如哈雷彗星的发源地。

海王星是太阳系八大行星中距太阳最远的一颗，是一颗冰巨行星。它可能有一个固态的核，表面可能覆盖有一层冰。它的大气主要由约 85% 的氢气、13% 的氦气、2% 的甲烷和少量氨气组成。

海王星的核心温度约为 7000 摄氏度，但它的表面只有零下 218 摄氏度，是太阳系中表面最冷的行星。

更有趣的是，海王星虽然接收的太阳的光照很弱，却有着太阳系最强的风，风速高达 550 米每秒，超过了音速。

这次旅行的第一站来到了海王星，海王星是一颗蓝色的行星，也是距离太阳最远的大行星。

在岩石和冰组成的核心外是由水和甲烷组成的“海洋”，最外层则是以氢和氦为主的大气。海王星的大气非常活跃，这里常年刮着太阳系中最快的风，比12级台风还要快10倍以上。

为什么海王星是蓝色的

海王星的外观为淡淡的蓝色，这可能与其大气中含有少量甲烷有关。甲烷能吸收阳光中红色和橙色部分的光线，使得反射的阳光中只剩下蓝色和紫色的部分。但这可能还有别的原因，因为海王星的蓝色比成分相似的天王星要鲜艳一些。

飞过海王星，天王星出现在视野中，它的颜色比海王星要淡一些，但它们俩就像一对姐妹星球，因为它们的结构和成分实在太接近了，只不过天王星的大气要平静得多。

天王星和海王星都有一个称为光环的结构。

它们是由岩石、冰和气体组成的脆弱结构。这里远离太阳，光环不至于被强大的太阳风吹走。另外，冰巨行星巨大的体积和质量也是形成光环的关键。

虽然都有光环，但是天王星的光环和海王星的光环不同，天王星的光环垂直于太阳系的黄道面这个大圆盘。

也许是在它形成的过程中，发生了一次巨大的碰撞，把天王星的轨道撞翻了，从此，天王星开始横躺着围绕太阳旋转，这是很不寻常的现象。

天王星

天王星是第一颗用望远镜发现的行星，也是太阳系中唯一一个以希腊神命名的行星，其他行星都是以罗马神命名的。

土星的结构

土星是太阳系的第二大行星，密度比水还小。

土星主要由氢元素和氦元素组成，虽被称为气态行星，但它并不完全是气态的。土星有一个岩石质的核部和包裹着它的液体金属氢层，以及液态氢、液态氦层，外层则是厚达 1000 千米的大气层，这里有着高达 1800 千米每小时的强风。

土星美丽的光环，是太阳系内最令人惊叹的景观之一。它的成分主要是冰、岩石和尘埃。土星有 83 颗较大的卫星和大量的小卫星，是八大行星中最多的。其中的土卫六是太阳系中第二大的卫星，比水星还要大，是唯一拥有浓厚大气层的卫星。

飞过天王星，眼前出现了一颗美丽的土黄色星球，这就是土星了。它有一个明亮而美丽的光环，但千万不要被它的光环所迷惑，因为光环里面危机四伏。

无数的岩石和冰块围绕着土星疯狂飞转，一个碰撞就能让岩石粉身碎骨。如果用天文望远镜，我们能清楚地看到土星和它的光环，那样子就像是夜空中的一顶草帽。

土星比天王星和海王星要大得多，它的密度却比水还要小，如果把它放在水中，它会浮起来。

别看土星密度小，“魅力”却很大。很多岩石被土星巨大的引力捕捉，一头坠入土星的大气层，引发巨大的爆炸。

那个叫小石头的幸运儿逃脱了土星的引力，继续向太阳飞去。

类木行星大小比较：木星 > 土星 > 天王星 > 海王星

小石头和伙伴们在太阳系的旅行已经走完了一半，眼前出现了一颗巨大无比的行星，仿佛整个星空都被它的身躯占满了，这就是太阳系中最大的行星——木星。

幸运逃脱的小石头看到这壮丽的景色被震撼到了，可它忽视了那看不见的巨大引力，这才是最要命的陷阱。小石头还不知道很多天体坠落在这颗行星的大气中，连一个水波都没留下。

木星的引力实在是太大了，以至于它身边的岩石被引力反复拉扯，都无法聚集起来形成行星，最后只能散乱着绕太阳旋转，最后形成小行星带。

小石头被木星巨大的引力猛地一拽，速度提高了一倍，以更快的速度向着太阳飞去。

木　星

木卫三是太阳系中最大的卫星，体积比作为行星的水星还大。与其他行星相比，月球只能在太阳系卫星排名榜中位列第五名。

木　星

木星的质量是太阳系其他所有行星质量总和的 2.5 倍。

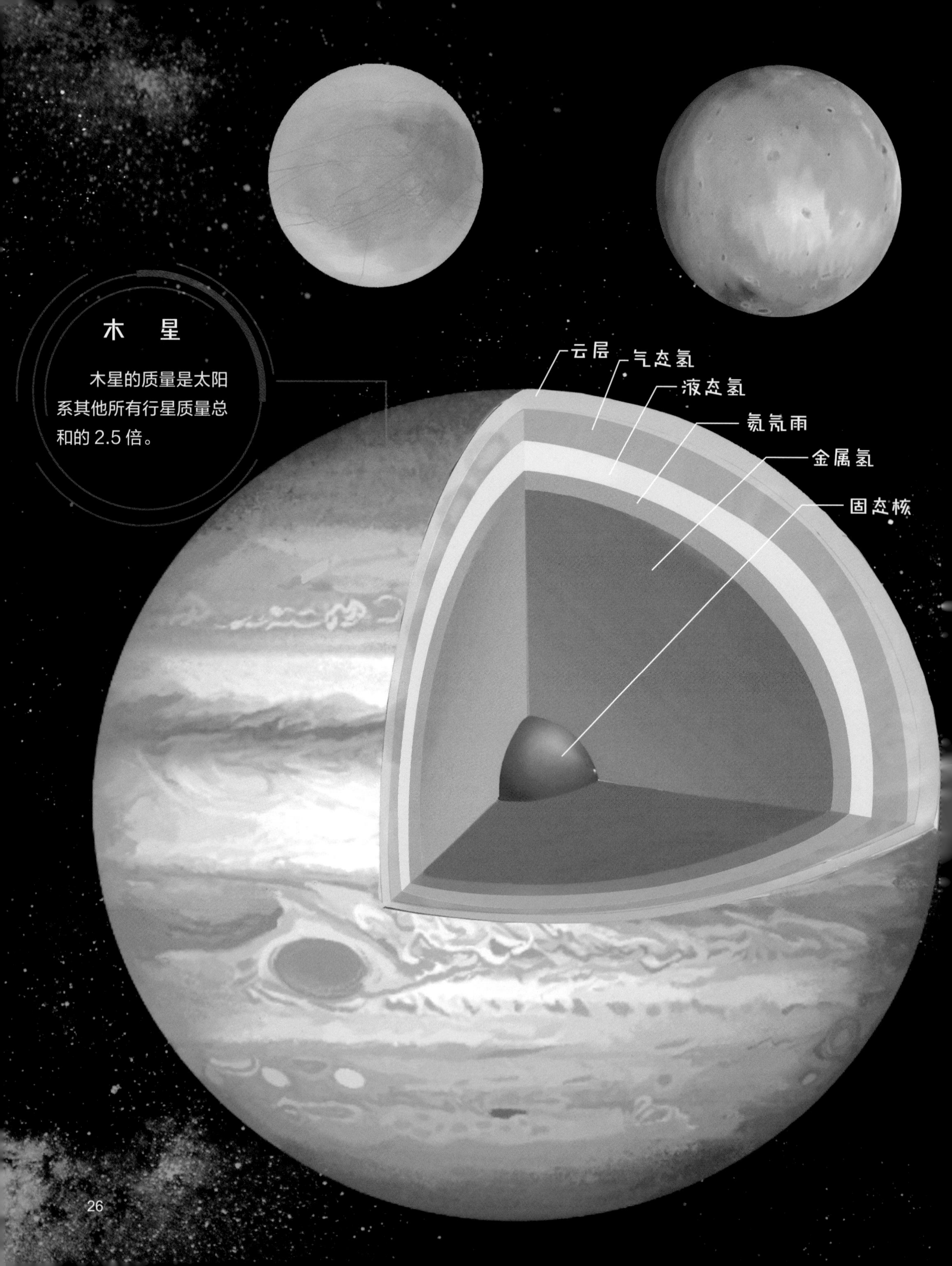

木星的质量比太阳系其他行星加起来还要大几倍，达到了太阳的千分之一。它的成分和太阳非常相似，主要是氢。它甚至差点产生核聚变，让自己变成第二颗太阳。

木星有一个由岩石组成的核心，液态的金属氢包裹着它旋转。外层则是浓密的大气层，厚度可达星球直径的一半。这里的大气结构非常复杂，来自木星内部和太阳的能量一起驱动着气体环流运动，形成了明暗相间的条纹和著名的大红斑。

大红斑是一个足够容纳好几个地球的超级“台风”，就像一只巨大的眼睛。

木星的周围有许多的卫星，目前已经发现了80颗。这些卫星有的距离木星很近。在木星第二颗卫星木卫二的地面上，木星占据了大半个天空。

巨大的引力把卫星表面的冰层撕裂开来，在阳光下就像宝石一样。这些冰层之下，隐藏着一片巨大的海洋，海水比地球上全部的水加起来还要多。引力拉扯着岩石和冰块，强烈的摩擦产生了热量，让海水得以保持温暖。

这里会有生命吗？

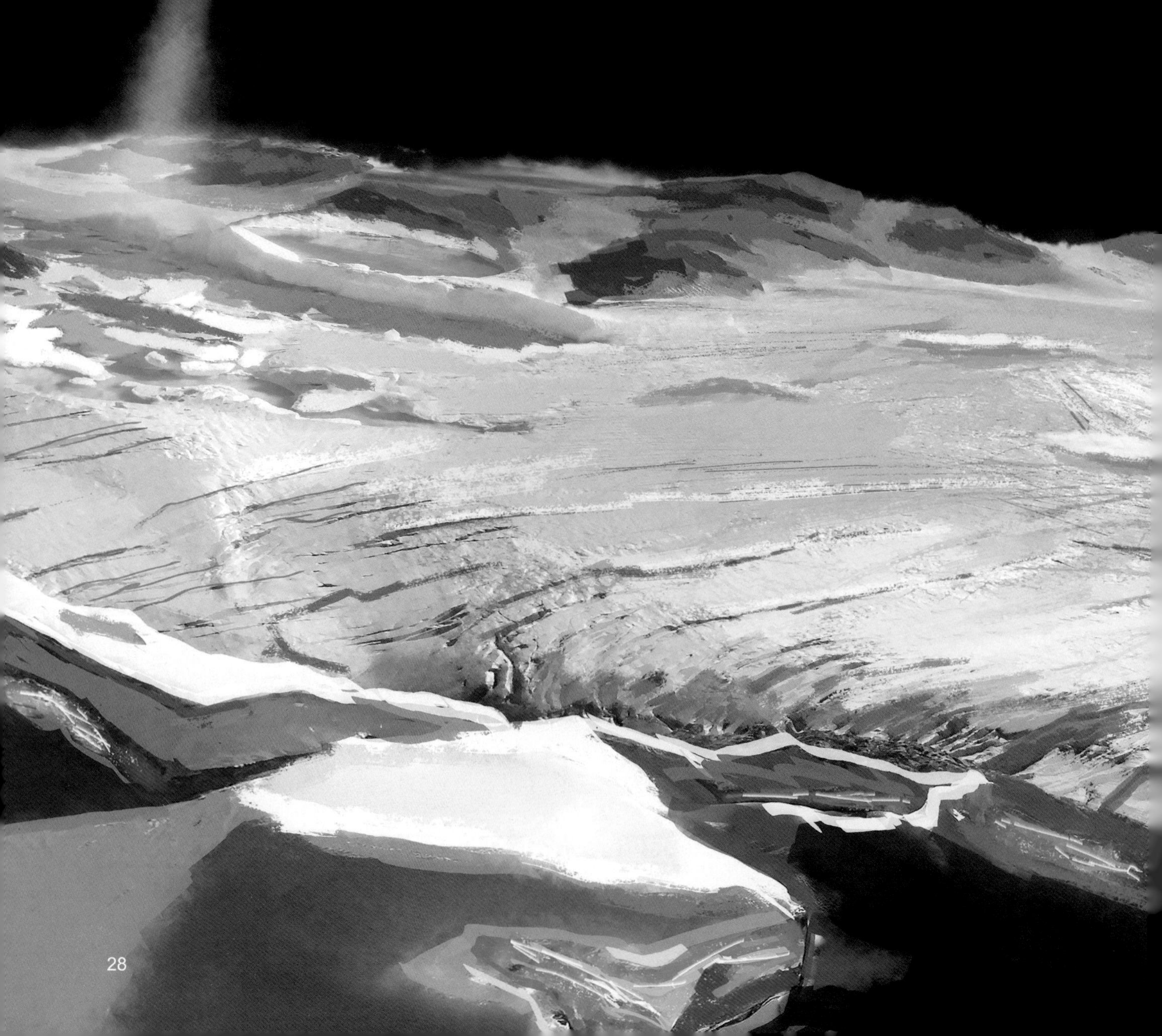

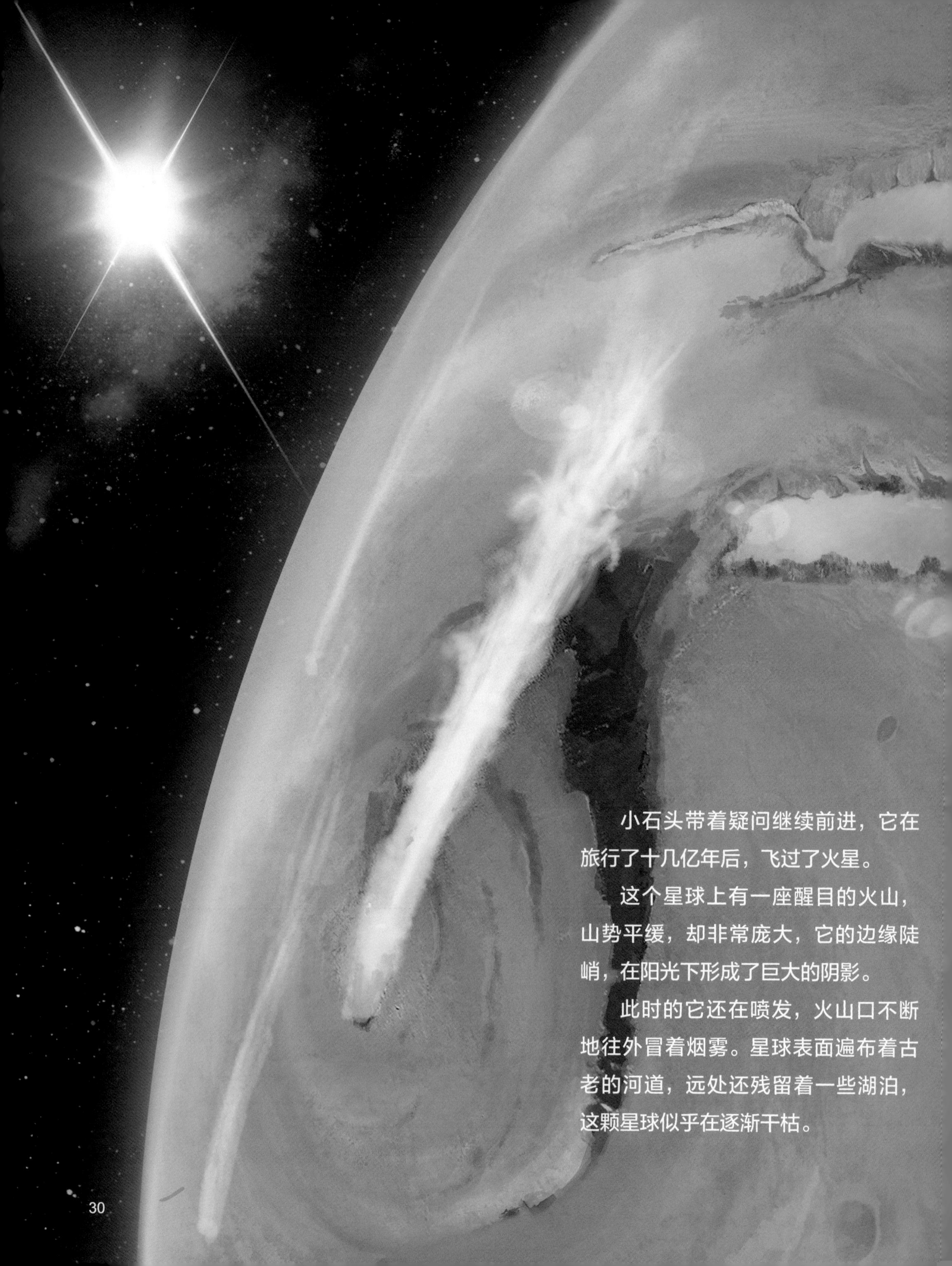

小石头带着疑问继续前进，它在旅行了十几亿年后，飞过了火星。

这个星球上有一座醒目的火山，山势平缓，却非常庞大，它的边缘陡峭，在阳光下形成了巨大的阴影。

此时的它还在喷发，火山口不断地往外冒着烟雾。星球表面遍布着古老的河道，远处还残留着一些湖泊，这颗星球似乎在逐渐干枯。

火星上的云

火星上空大多数时候万里无云，偶尔也会有云层出现，这些云层并不是水汽，而是二氧化碳凝华后的“干冰晶”。

火　星

火星是地球的邻居，是一颗类地行星。

它的直径大约是地球的一半，是月球的两倍。

火星的地表因为氧化铁的缘故呈橘红色。

火星上的风

火星上的风十分猛烈，常会引发沙尘暴。沙尘暴持续数月，速度最高可达194千米每小时。狂风会将沙尘暴吹离地表，再卷入云层中。这时候，原本白色的云就会变成黄色。

火星的表面上，岩石像书本一样，层层叠叠的。

有些岩石表面上有裂纹，就像干涸的农田上的龟裂纹。这种岩石称为沉积岩，形成于更早的时代。

刮了几个月的沙尘暴终于停下来了。沙丘离这里更近了，用不了多久，这些岩石都将被沙尘掩埋。

火星上有水吗

火星曾经和地球一样，充满海洋、湖泊和河流，并在火星的表面留下了大量的痕迹，各种火星探测器拍摄了大量的照片资料。而今天，火星只在两极有冰冠覆盖，并随着季节产生冻结和融化的周期变化。火星的土壤中含有较丰富的水分，可能存在地下湖泊和间歇性的液态水。

火星上有磁场吗

火星上的磁场只有地球的 1%。这说明火星内部的铁含量特别少，从而进一步表明，火星周围没有范艾伦辐射带。

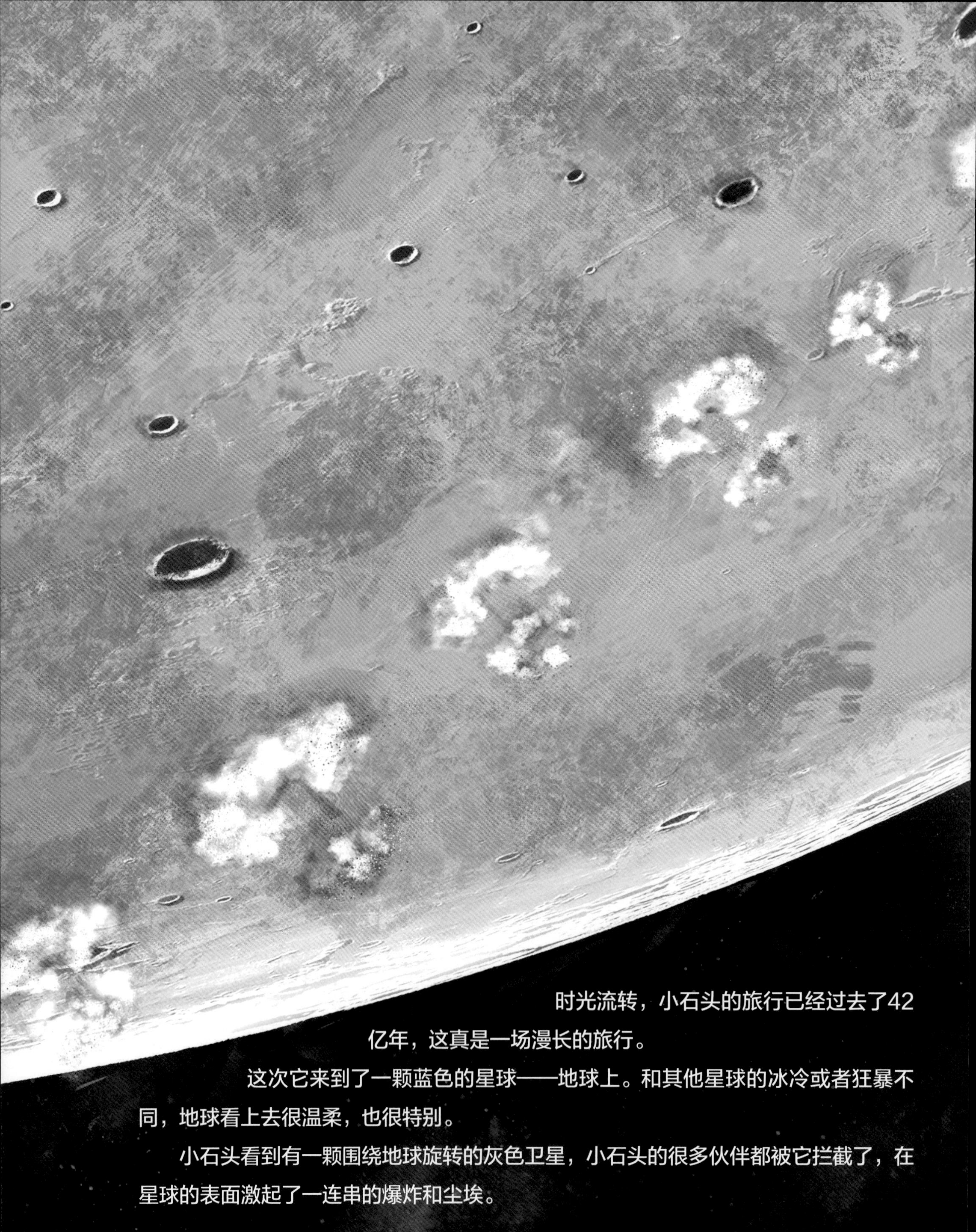

时光流转，小石头的旅行已经过去了42亿年，这真是一场漫长的旅行。

这次它来到了一颗蓝色的星球——地球上。和其他星球的冰冷或者狂暴不同，地球看上去很温柔，也很特别。

小石头看到有一颗围绕地球旋转的灰色卫星，小石头的很多伙伴都被它拦截了，在星球的表面激起了一连串的爆炸和尘埃。

地　球

地球是太阳系八大行星之一，是离太阳第三近的行星。

此时的地球表面大部分被水覆盖着，那些没有被水覆盖的地方就是黄色和红色相间的陆地。

能看到水边的一些地方是绿色的，这是原始的植物正在向陆地进军。让人想不到的是几千万年后，这些植物将使整个地球都披上绿装。

看来，生命很早以前就在地球上诞生了。几十亿年中，地球上的生命不断进化，原始的单细胞生物慢慢进化成千姿百态的奇异物种。

为什么地球被称为蓝色星球

海洋占了地球表面的 71%，尤其是南半球，海洋的面积更是远超陆地。地球上各大洋是相互连接的，陆地就像漂浮在水面的船只。因为地球表面大部分被海洋覆盖，所以从太空看地球，就是一颗美丽的蓝色星球。

地球年龄

宇宙大爆炸模型显示，宇宙的年龄约是138亿年，太阳的年龄约是46亿年，地球的年龄约是45亿年。

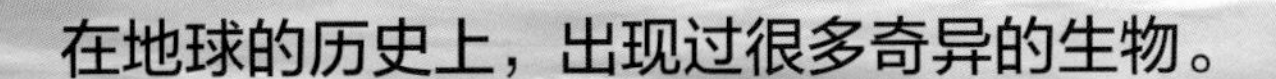

在地球的历史上，出现过很多奇异的生物。

它们曾经在地球上繁衍生息，在海洋里横冲直撞，称霸一方。

不过，这些生物现在大部分已经灭绝，我们只能从珍贵的化石中找到它们存在的证据。

地球上水圈的构成

地球是一个多水的行星，它的水以气态、液态和固态 3 种形式存在于空中、地表和地下，存在于环境和生物体内。

地球上的水圈分为海洋、河流、地下水、冰川和湖泊 5 种主要类型，是地球生态圈的重要组成部分。

在比地球更靠近太阳的那一边，有一颗“着了火”的星球——金星。

金星的大小和地球差不多，质量也和地球相差不多，它还是太阳系里离地球最近的行星，和地球就像是一对孪生姐妹。

金星上有太多的火山，大气里充满了二氧化碳。所以，金星是太阳系里最热的行星，热到连一滴水都没有。

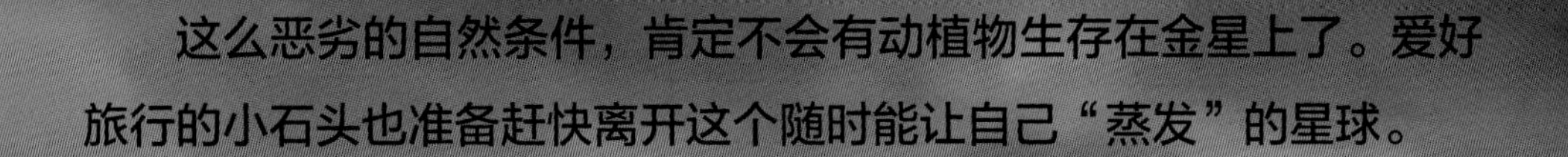

这么恶劣的自然条件，肯定不会有动植物生存在金星上了。爱好旅行的小石头也准备赶快离开这个随时能让自己“蒸发”的星球。

地壳

地幔

地核

金 星

金星是太阳系八大行星中距离太阳第二近的行星。

金星的公转周期为 224.7 个地球日，而自转周期却为 243 个地球日，是太阳系内“反转”的行星。

金星由于其质量、半径与地球相似，曾被认为是地球的“孪生姐妹”。

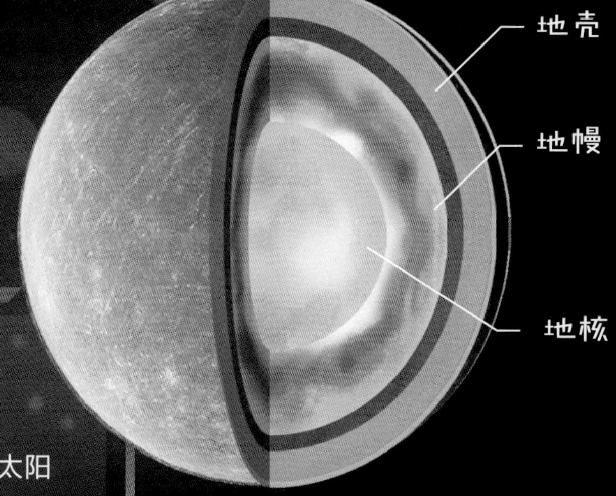

水星内部构造图

水星的显著特征

水星是太阳系八大行星中距离太阳最近、体积最小的行星。

水星的公转速度非常快，水星上一年大约只相当于地球上的 88 天。它的大气稀薄，面对太阳的一面温度很高，背面则很低，温差达到 600 摄氏度。

水星的自转速度很慢，它绕太阳转两圈，也就是两年，太阳才会再次出现在天空中的同一位置。

石头们飞越金星，离太阳越来越近了，这里可以强烈地感受到太阳的高温。眼前的星球是距离太阳最近的行星——水星。

水星可比金星要小很多，它的直径还不到地球的一半。因为距离太阳很近，所以它绕太阳一圈的时间很短，水星上的一年相当于地球上的3个月。

不知道在水星上生活是不是有种“度日如年”的感觉?

还是不用多虑了，因为水星上根本就没有大气，它距离太阳近的那一面温度特别高，而背对太阳的那一面温度又特别低。

水 星

水星是一颗地狱行星，晚上平均温度为零下 173 摄氏度，白天为 427 摄氏度。

水星凌日

水星凌日是一种天文现象，平均每 100 年发生约 13 次。

当水星运行到太阳和地球之间时，如果三者能连成直线，便会发生水星凌日现象，其道理和日食类似。所以，水星凌日发生时，水星挡住太阳的面积非常小，不足以使太阳亮度减弱。

在地球上若观察到太阳上有一个小黑斑在缓慢移动，这就是水星凌日现象。

既然金星上不适合生活，水星上也不适合生活，那还是继续往前飞吧！看看小石头又会去向哪里？

这次的小石头很勇敢，直接奔向太阳飞去，它以极快的速度在太阳的边缘转了个弯，背对着太阳向着老家的方向飞去。几十亿年来，它已经记不清在太阳系里转了多少个圈了。

终于有一天，小石头和地球的轨道重叠了，地球轻松地捕获了它。幸存的“伙伴”们继续在太阳系里旅行，小石头则径直朝着地球飞来。

6600万年前的一天，地球上的某个地方，黎明前的森林被来自天空的火光照亮。

没有人知道这是小石头的地球之旅。只见那个四周燃起大火的小石头，在和地球大气猛烈摩擦后产生了极高的温度。它被烧得通红，表面开始熔化，拖着长长的火焰冲向地球。小石头自己也没有想到这趟地球之旅竟会如此惨烈。

空中回荡着巨大的响声……

恐龙被惊醒了，它们抬头望向天空，还来不及四散奔逃，小石头就撞向了地面。

撞击产生的巨大能量让火光四溅，碎片和泥土四散横飞。巨大的冲击波把地面撞击出了一个大坑。

经过这次蜕变，小石头原本棱角分明的形状被“烧”成了光滑的椭圆形，颜色也变成了灰黑色。它从没想过自己从一块普通的岩石，变成了真正的陨石！

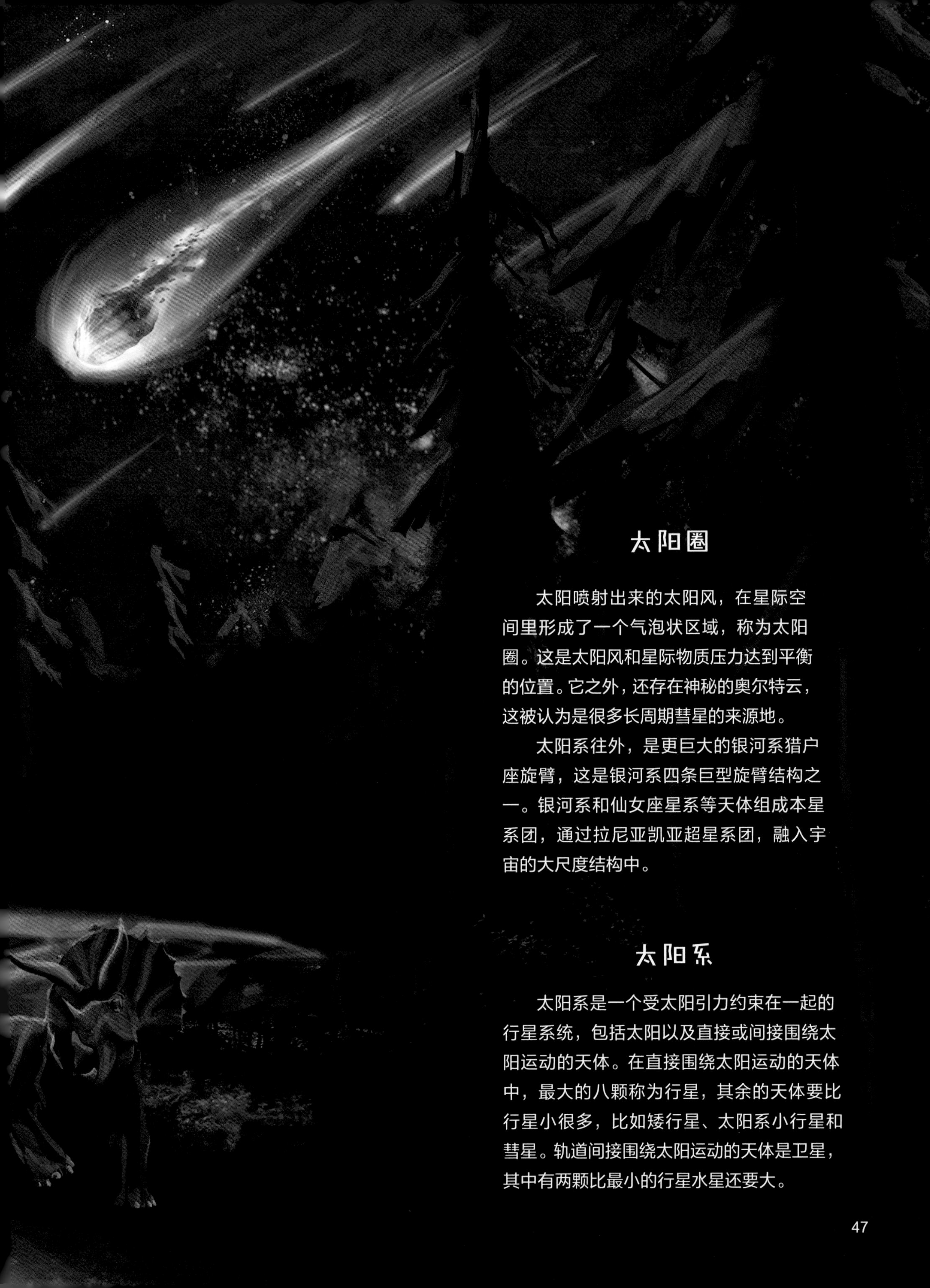

太阳圈

太阳喷射出来的太阳风，在星际空间里形成了一个气泡状区域，称为太阳圈。这是太阳风和星际物质压力达到平衡的位置。它之外，还存在神秘的奥尔特云，这被认为是很多长周期彗星的来源地。

太阳系往外，是更巨大的银河系猎户座旋臂，这是银河系四条巨型旋臂结构之一。银河系和仙女座星系等天体组成本星系团，通过拉尼亚凯亚超星系团，融入宇宙的大尺度结构中。

太阳系

太阳系是一个受太阳引力约束在一起的行星系统，包括太阳以及直接或间接围绕太阳运动的天体。在直接围绕太阳运动的天体中，最大的八颗称为行星，其余的天体要比行星小很多，比如矮行星、太阳系小行星和彗星。轨道间接围绕太阳运动的天体是卫星，其中有两颗比最小的行星水星还要大。

图书在版编目（CIP）数据

太阳系简史2. 太阳系流浪记 / 王煜著. — 北京：地质出版社, 2023.8
ISBN 978-7-116-13132-3

Ⅰ. ①太… Ⅱ. ①王… Ⅲ. ①太阳系－儿童读物②陨石－儿童读物 Ⅳ. ①P18-49

中国版本图书馆CIP数据核字(2022)第095993号

TAIYANGXI JIANSHI 2：TAIYANGXI LIULANG JI

策划编辑：孙晓敏
执行策划：王一宾
责任编辑：王一宾
责任校对：陈　曦
出版发行：地质出版社
社址邮编：北京市海淀区学院路31号，100083
电　　话：（010）66554646（发行部）；（010）66554511（编辑室）
网　　址：https：//www.gph.clmpg.com
传　　真：（010）66554656
印　　刷：中煤（北京）印务有限公司
开　　本：889 mm × 1194 mm　1/16
印　　张：3
字　　数：30千字
版　　次：2023年8月北京第1版
印　　次：2023年8月北京第1次印刷
定　　价：128.00元（全四册）
书　　号：ISBN 978－7－116－13132－3
